LES

CHEMINS DE FER

AU POINT DE VUE CIVIL ET MILITAIRE

CONFÉRENCES

Faites à la Société d'instruction générale de Senlis, par M. Sartiaux, ingénieur des ponts-et-chaussées.

SENLIS

IMPRIMERIE ERNEST PAYEN

11, place de l'Hôtel-de-Ville, 11

1874

LES

CHEMINS DE FER

AU POINT DE VUE CIVIL ET MILITAIRE

—

CONFÉRENCES

Faites à la Société d'instruction générale de Senlis, par M. Sartiaux, ingénieur des ponts-et-chaussées.

SENLIS

IMPRIMERIE ERNEST PAYEN

11, place de l'Hôtel-de-Ville, 11

—

1874

LES CHEMINS DE FER

AU POINT DE VUE CIVIL ET MILITAIRE

PREMIÈRE CONFÉRENCE

Mesdames, Messieurs,

Les chemins de fer accomplissent de notre temps et sous nos yeux une des plus grandes révolutions qui se soient produites dans l'ordre matériel.

On a comparé la découverte des chemins de fer à celle de la poudre à canon, il faut lui donner le premier rang. La poudre a perfectionné les moyens de destruction et amélioré l'art de la guerre, art déjà bien connu des Grecs, des Romains et des Barbares, mais en définitive, nous ne pouvons l'estimer qu'au point de vue industriel, au point de vue du percement des rochers par exemple, et je dois dire que, sous ce rapport, elle est bien dépassée aujourd'hui par diverses substances telles que la dynamite, la dualine, etc., qui, sous le même poids, produisent des effets 5, 6 et 10 fois plus considérables-

Les chemins de fer, au contraire, en même

temps qu'ils ont révolutionné l'art de la guerre, ont été l'un des plus merveilleux instruments de progrès que Dieu nous ait donnés. En facilitant les échanges et en faisant ainsi disparaître les famines qui se répétaient si souvent dans les siècles précédents, ils combattent à côté de l'homme pour l'émanciper de la misère et lui faire conquérir le bien-être; en supprimant les distances, ils font peu à peu tomber les barrières qui séparent les peuples, et contribuent puissamment à la réalisation de cette grande idée : La réunion de tous les peuples en une seule et grande nation qu'on appellerait l'humanité.

L'histoire des chemins de fer est donc une étude extrêmement intéressante ; elle touche à un nombre considérable de phénomènes de l'ordre physique et de l'ordre moral et, à ce titre, elle mérite d'attirer un instant notre attention.

I

Les chemins de fer se composent de deux éléments essentiels : la *voie* ou les *rails* et la *locomotive*. Vous savez que l'effort que doit exercer un cheval pour traîner une voiture sur une route est d'autant plus petit que la route est plus dure et plus unie; c'est pour cette raison que les Romains couvraient si souvent leurs chaussées de grandes dalles de pierre de taille ou de lave volcanique. Ils avaient compris que ces routes, qu'ils appelaient des voies de fer (*viæ ferreæ*), étaient beaucoup moins tirantes et par conséquent bien plus économiques que leurs chaussées de cailloux cimentés avec de la chaux. C'est le même principe qui guidait les Anglais lorsqu'il y a plus de 200 ans, après avoir brûlé pour leur chauffage le bois de leurs forêts, ils songèrent à tirer parti des terrains houillers de Newcastle. Les chariots portant le charbon parcouraient dans les mines des chemins étroits et y creusaient peu à peu des ornières profondes; on eut l'idée de mettre sur ces ornières des planches avec des liteaux pour guider les roues. Ces chemins à rails en bois, à ornières, comme on les appelait, ne différaient pas comme principe des chemins de fer actuels; du jour où ils furent inaugurés, les chemins de fer prirent naissance.

Plus tard, pour diminuer encore l'effort de traction on substitua, vers 1770, au bois des Anglais et aux dalles des anciens des rails en fonte; puis en 1789 on songea à employer les rails saillants d'abord en fonte, puis ensuite en fer. Ces deux améliorations, la saillie du rail qui transportait, pour ainsi dire, l'ornière du rail à la roue, et l'emploi du fer, réalisèrent un progrès immense; jugez-en : sur une route empierrée en bon état, solide et unie, un cheval ne traîne guère que 1,000 kilog; sur la voie ferrée saillante le même cheval peut en traîner 10 et 11,000.

On a dit que *le rail est l'âme des chemins de fer;* le mot est juste, parce que c'est dans le rail, c'est-à-dire dans la suppression presque entière du frottement que réside la puissance énorme et presque illimitée des chemins de fer.

A l'origine, les rails reposaient sur des dés en pierre par l'intermédiaire de coussinets placés aux joints ; aujourd'hui les rails reposent sur des pièces de bois appelées *traverses* placées perpendiculairement à l'axe de la route.

Il y a différentes sortes de rails :

Le rail à champignon simple.
Le rail à champignon double.
Le rail américain ou à patin.
Le rail Brunel.
Le rail Barlow.

Il y a des traverses à peu près tous les mètres ; les joints, pour permettre la dilatation des rails, laissent un vide qui varie de 2 à 4 millimètres et les rails à ces joints sont réunis par des plaques appelées *éclisses*. — L'écartement des rails est de 1 mètre 51 centimètres d'axe en axe, en France et dans la plupart des états de l'Europe ; il est plus grand en Espagne et en Russie, plus petit en Irlande et en Norvége, etc. Je vous ai dit que les rails étaient l'âme des chemins de fer, et en effet, leur emploi a réalisé un progrès comparable à celui qui a été accompli lorsqu'on eut l'idée d'atteler un cheval à une voiture chargée au lieu de lui faire porter la charge sur le dos ; cependant sans la locomotive l'avenir des chemins de fer eût été bien modeste. Ce n'est qu'en 1829, lorsque parut la locomotive à chaudière tubulaire, que les chemins de fer furent propres à réaliser les prodiges de puissance

et de vitesse dont nous sommes aujourd'hui
les témoins.

Les premiers essais de locomotive remontent
à un ingénieur français Cugnot, qui, en 1769,
conçut un chariot à vapeur qu'il destinait au
transport des canons et au transport de
l'artillerie. Plus tard Olivier Evans construisit
à Philadelphie, en 1804, la première voiture de
ce genre qui ait été vue en Amérique. A la même
époque une machine locomotive circula sur un
chemin de fer en Angleterre. Mais en définitive
toutes les tentatives avortèrent.

Les essais qui suivirent, tous basés sur une
notion inexacte de l'adhérence, furent encore
plus malheureux ; on n'avait pas compris que
l'adhérence n'était autre chose que le frottement
de glissement et ne dépendait que du poids de
la locomotive. C'est alors qu'on fut amené à
une série d'inventions bizarres, telle que la
locomotive à crémaillère, et la locomotive à
béquilles. Ce n'est qu'en 1813, qu'un ingénieur
anglais, Blakett, fut amené à reconnaitre que le
poids de la locomotive suffisait pour déterminer
l'adhésion des roues aux rails, pour s'opposer à
leur rotation sur place, les faire mordre sur les
rails et provoquer ainsi la marche des plus
lourds convois. — Les chemins de fer commen-
cèrent alors à rendre quelques services à l'industrie, mais ils ne fonctionnaient qu'avec une
extrême lenteur et ne pouvaient servir aux transports des voyageurs. Le vice des locomotives
résidait dans la forme des chaudières. La découverte de la chaudière tubulaire vint changer

brusquement cette situation, car son application permit d'obtenir immédiatement une vitesse de 45 kil. à l'heure. — Ce ne sera pas pour notre pays, un faible titre de gloire ; cette découverte mémorable appartient à un ingénieur français, Marc Seguin.

La première locomotive à chaudière tubulaire, perfectionnée par l'emploi du jet de vapeur dans la cheminée pour activer le tirage, fut adoptée en 1829, par deux ingénieurs anglais, deux hommes de génie : un ouvrier mineur, G. Stephenson, et un ingénieur illustre, son fils Robert. Cette locomotive pesait 4000 kil., elle pouvait trainer 40,000 kilogrammes à la vitesse de 25 kil. à l'heure. Aujourd'hui il y a trois types de machines :

Les machines à voyageurs, qui pèsent 40 tonnes environ et traînent sur des pentes de 5 millimètres par mètre 90 tonnes à des vitesses de 70, 80 et 100 kil. à l'heure.

Les machines mixtes qui pèsent 45 tonnes environ et traînent sur les mêmes pentes 225 tonnes à la vitesse de 45 kil.

Les machines à marchandises qui pèsent 50 tonnes environ et trainent 600 tonnes à la vitesse de 25 kil.

Quels prodiges de puissance et de vitesse !

Ne pourrait-on pas dire de la locomotive ce que disait un ingénieur du siècle dernier, en parlant de la machine à vapeur :

« Voilà la plus merveilleuse de toutes les « machines ; le mécanisme ressemble à celui

« des animaux. La chaleur est le principe de
« son mouvement; il se fait, dans ses différents
« tuyaux, une circulation comme celle du sang
« dans les veines, ayant des valvules qui
« s'ouvrent et se ferment à propos; elle se
« nourrit, s'évacue elle-même dans des temps
« réglés et tire de son travail tout ce qu'il lui
« faut pour subsister..... Cette admirable
« machine va, vient, se meut avec une aisance
« et une docilité sans pareille. Sa force muscu-
« laire est prodigieuse, et sa rapidité atteint,
« pour ainsi dire, celle du vent le plus impé-
« tueux. La noble bête consomme beaucoup,
« sans doute, mais sa nourriture est prise aux
« entrailles de la terre; elle respire, mais l'air
« qu'exhalent ses poumons est une vapeur em-
« brasée; elle boit, mais l'eau qu'elle engloutit
« dans son vaste estomac, sort de son corps, en
« fumée; ses muscles sont de fer et d'acier, ses
« jambes des cercles aux cent pattes mobiles;
« sa voix est tantôt le sifflement du serpent,
« tantôt l'âpre rugissement du tigre. Quand,
« après avoir dévoré l'espace, elle a fourni sa
« course rapide, elle rentre comme un coursier
« fatigué dans son écurie, où l'attend un court
« repos. Nettoyée, alimentée, embellie, elle en
« sort bientôt étincelante, prête à recommencer
« le jour et la nuit ses utiles travaux. »

Je vous ai dit que l'honneur de l'invention
des locomotives à chaudière tubulaire, devait
être partagé entre un simple ouvrier mineur
d'Angleterre, G. Stephenson, son fils, l'ingénieur

Robert Stephenson, et un ingénieur français, Marc Séguin.

Permettez-moi, à ce propos, de vous rappeler brièvement la vie de G. Stephenson; elle sera pour nous un grand enseignement. Elle nous montrera ce que peuvent l'intelligence et le génie, unis au travail et à la persévérance; elle nous apprendra comment Dieu se sert des plus humbles pour manifester sa volonté et pour transformer le monde.

G. Stephenson naquit le 9 juin 1781 dans une humble et pauvre maison d'ouvriers mineurs, à quelques centaines de mètres du village de Wigan, situé sur la Tyne, à 13 kilomètres de Newcastle où son père était chauffeur de la machine des houillières. A 8 ans G. Stephenson gardait les vaches, à 15 ans il était lui-même simple chauffeur de la machine des houillières et à 17 ans il avait fait de tels progrès qu'il conduisait la machine elle-même. Il ne savait encore ni lire ni écrire ! Il l'apprit dès qu'il put s'économiser 40 centimes par semaine pour payer l'instituteur, et à 19 ans il était fier de pouvoir écrire son nom. A 21 ans il se maria et devint en 1803 père d'un fils, Robert Stephenson. Ouvrier rangé, sobre et studieux, à ses heures de loisir il se perfectionnait dans l'art de la lecture et de l'écriture et étudiait les principes de la mécanique.

G. Stephenson avait compris par sa propre expérience combien lui avait été nuisible le défaut des connaissances scientifiques qui sont la base de toute carrière industrielle, et pour aplanir à son jeune fils Robert les obstacles qui avaient retardé et attristé son chemin, il passait ses nuits à raccommoder les montres et les chaussures de ses voisins afin de payer les leçons qu'il faisait donner à son fils.

Nous le retrouvons en 1812 ingénieur mécanicien à 2,500 fr. par an. Peu de temps après il était ingénieur du chemin de fer de Darlington à Stockton aux appointements de 25,000 fr. et en 1829 sortait des ateliers qu'il avait établis avec son fils Robert, la locomotive qui, combinée avec celle de Séguin, a servi de modèle à toutes celles construites depuis lors et devait faire des chemins de fer, en révolutionnant le monde, le plus puissant instrument de progrès que nous connaissions. Quelques années après, G. Stephenson se retirait à la campagne, près de Birmingham, et se déchargeait des travaux qu'il dirigeait sur son fils Robert, qui devint bientôt l'un des premiers ingénieurs de l'Angleterre. Le père et le fils moururent l'un en 1859 et l'autre en 1848, à 11 ans d'intervalle, après avoir longtemps souffert de la pauvreté, après avoir acquis par un immense travail une fortune considérable de plus de 10 millions et presque sans avoir connu le repos.

Le gouvernement anglais voulut plusieurs fois les annoblir et tous deux refusèrent; l'opinion publique leur avait fait une noblesse qui suffisait à leur modestie! Georges Stephenson se vit de son vivant ériger une statue à Liverpool, deux autres lui furent élevées après sa mort à Londres et à Newcastle.

Son fils Robert eut les funérailles les plus belles et les plus dignes d'un grand citoyen, et sa mort fut un deuil public. Le Parlement fit enterrer son corps dans l'abbaye de Westminster, le panthéon des grands hommes de l'Angleterre, à côté de Telford, l'ingénieur le plus célèbre de son temps; et son corps traversa le Grand Parc, honneur qui n'avait été accordé jusqu'alors qu'aux souverains.

C'est ainsi que l'Angleterre prouve que la force et l'intelligence de ceux qui enfantent des œuvres fécondes sont aussi grandes et aussi dignes d'admiration et de respect que la puissance de ceux qui couvrent de cadavres les champs de bataille!

II

Ceux d'entre vous qui ont connu les anciens modes de transports, les diligences et ces bonnes vieilles pataches qui, comme le disait un homme d'esprit, n'ayant pas grand chemin à faire flânaient tout le long de la route, pour avoir l'air, le soir, d'arriver de très loin, doivent penser que les chemins de fer venant s'y substituer durent être accueillis avec enthousiasme. Loin de là : on y fit au contraire toute sorte d'objections, on disait que les chemins de fer seraient très dangereux, que les locomotives feraient des explosions et tueraient des centaines de voyageurs, que les étincelles lancées par les cheminées mettraient le feu aux forêts, aux moissons et aux..... robes des dames.

Vous savez que les accidents sont au contraire fort rares et je puis vous dire qu'il en arrive davantage en un jour dans les rues de Paris, qu'en un an sur les chemins de fer français. On trouve au ministère des travaux publics la statistique des accidents arrivés chaque année.

Dans les premiers temps des chemins de fer, pendant les 20 premières années d'exploitation on avait compté 110 tués et 400 blessés sur 220 millions de voyageurs, c'est à peu près

1 mort sur 2,000,000 de voyageurs.
1 blessé sur 560,000 id.

tandis qu'avec les diligences, telles que les messageries impériales, le rapport, pendant le même temps, était de

1 mort sur 330,000 voyageurs.
1 blessé sur 30,000 id.

on avait, a cet époque, 18 fois plus de chances d'être tué et 5 fois plus de chances d'être blessé en se confiant à la meilleure des diligences françaises qu'en voyageant dans l'un quelconque de nos chemins de fer.

Aujourd'hui les accidents sont encore plus rares, il y a à peine

1 mort sur 15 millions de voyageurs.
1 blessé sur 9 millions de voyageurs.

on n'a guère plus de chances aujourd'hui d'être tué ou blessé en chemin de fer que de l'être dans les rues de Paris par la chute d'une cheminée.

Pour ce qui est des incendies, vous savez qu'il n'y a rien à craindre de bien sérieux et que les robes n'ont rien à redouter de pareil dans les wagons. Les objections qui nous paraissent aujourd'hui les plus naïves étaient faites au début avec le plus grand sérieux : On demandait à Stephenson s'il songeait aux conséquences d'un hasard qui permettrait à un bœuf de se trouver sur la voie au moment du passage d'un train. Un grand malheur, répondit-il..... pour le bœuf! Un député repoussait les chemins de fer en France parce que, suivant lui, le terrain y est plus montueux qu'en Angleterre; les remblais, disait-il, glisseront sur le flanc des montagnes. Ce brave député était des Hautes-Alpes et ne voyait dans toute la France que son département. Un illustre savant même, Arago, égaré par une vaine préoccupation politique, s'opposait aux chemins de fer parce qu'en traversant les souterrains on prendrait chaud et froid, ce qui occasionnerait des fluxions de poitrine. Vous croyez que je plaisante, consultez le *Journal officiel* de l'époque et vous verrez que tout ceci est exact !

On prétendait que les chemins de fer allaient plonger dans la misère les postillons, les cochers et les bateliers; que l'on ne saurait plus que faire des routes, des canaux et même des chevaux. La pratique a prouvé le contraire, car il y a aujourd'hui plus de postillons que par le passé; la batellerie n'a pas diminué et la circulation sur les routes a augmenté. En définitive les chemins de fer ont créé une masse énorme de transports et de richesses sans nuire à leurs concurrents.

Quant aux chevaux, vous savez qu'on sait

parfaitement qu'en faire et qu'ils ont au contraire augmenté considérablement de valeur.

Pour vous donner une idée des répugnances que soulevaient les chemins de fer au début et du peu de foi qu'on avait de leur avenir je vous citerai ces deux faits : En Angleterre, ce ne fut que 12 ans après l'ouverture de la ligne de Liverpool à Manchester que le duc de Wellington et la reine Victoria osèrent confier à un chemin de fer leurs précieuses existences ; en France, un homme d'une grande valeur, un célèbre historien, étant en 1834 ministre des travaux publics, fit un voyage en Angleterre, pour visiter le chemin de fer de Liverpool à Manchester. A son retour il montait à la tribune et s'écriait : « Messieurs, les chemins de fer « sont bons à servir de joujoux aux curieux « d'une capitale et de moyens de transport « dans quelques cas exceptionnels. Il n'y a pas « aujourd'hui dix lieues de chemin de fer en « construction, en France, et pour mon « compte, si l'on venait m'assurer qu'on en fera « cinq par année, je me tiendrais pour fort « heureux. »

Ce n'est pas 25 kilomètres qu'on a construit par année mais près de 600 kilomètres. Aujourd'hui on peut compter que le réseau des chemins de fer du monde a une étendue de 160,000 kilomètres dont 80,000 en Europe et que la dépense faite pour l'établissement de ce réseau a été de 40 milliards. Dans ces dernières années on a dépensé jusqu'à 3 milliards par au en constructions de chemin de fer. En France, le réseau concédé n'a pas moins de 22,000 kilom. et aura coûté près de 10 milliards. Vous voyez que la France a un réseau qui est le quart du réseau Européen, tandis qu'elle a 8 fois moins d'habitants que l'Europe toute entière, et qu'une notable portion de sa fortune publique est engagée dans les entreprises de chemins de fer.

Les services que rendent les chemins de fer sont nombreux et variés. Si l'on voulait passer en revue toutes les causes d'où dépendent la prospérité d'un pays, on n'en trouverait peut-être pas une seule à laquelle la création des chemins de fer ait été jusqu'à ce jour indifférente. L'Etat, par exemple; voyons quels avantages directs et indirects il a trouvé dans l'exécution des chemins de fer!

En recettes, l'exploitation des chemins de fer donne au budget de l'Etat une somme de plus de 60 millions :

Impôts sur les voyageurs et les marchandises	52.700.000 f.
Droits de douanes	800.000
Contributions	2.600.000
Timbre	6.100.000
Total . . .	62.200.000 f.

Les économies réalisées sur les transports sont de plus de 57 millions.

Economies sur les transports
de la guerre . . . . 25.200.000 f.
Economies sur les postes . . 27.500.000
Economies sur les télégraphes,
finances, douanes, prisonniers . 4.700.000

Total . . . 57.400.000 f.

En totalisant les recettes et les économies, on trouve près de **120 millions**. Ce profit représente dix pour cent du capital dépensé par l'Etat.

Laissez-moi, Messieurs, vous dire en passant que ces résultats merveilleux, obtenus par la bonne distribution et la puissante organisation du réseau français, disparaitraient bien vite si l'on écoutait ceux qui en prêchent la déscrganisation au nom de la *liberté* et de la *libre concurrence*. Il n'y a pas de liberté là-dedans, *il y a le mot et pas la chose*; il n'y a pas de concurrence en matière de chemin de fer parce que *la concurrence est une chimère là où l'entente est possible*. N'allons pas imiter les pays étrangers au moment où frappés des vices de l'organisation qu'on préconise aujourd'hui chez nous, ils reviennent aux vrais principes, et méditons l'évolution faite en ce sens depuis plusieurs années en Belgique, en Angleterre, etc... Victor Considérant disait précisément à propos des chemins de fer, dont il niait l'utilité : Nous sommes compatriotes et proches parents des moutons de Panurge, l'opinion générale se forme par entraînement, et comme elle est rarement consciente de sa raison d'être, elle est plus souvent aveugle et passionnée que réfléchie et intelligente. Résistons à cet entraînement, à cet engouement dont parlait Victor Considérant, rendons-nous bien compte de *l'inanité de ces promesses séduisantes au bout desquelles nous ne verrions que la ruine du trésor de l'Etat et le désastre de la fortune publique,* et faisons en sorte d'éviter en France la crise épouvantable que l'application des fausses théories fait sévir aujourd'hui sur les chemins de fer américains et qui menace de jeter pendant très longtemps la perturbation dans ce pays!

Au point de vue du développement industriel et spécial quels sont les effets produits? Savez-vous où en était la question des subsistances aux époques les plus florissantes et pendant les règnes les plus illustres? — Pendant les cinquante premières années du règne de Louis XIV on compte huit famines extraordinaires. Quelle misère en Europe pendant ces périodes résumées en trois mots : *guerre, famine et peste!*

En 1647, l'avocat général Talon disait devant Louis XIV, après la victoire de Lens, à l'occasion de nouveaux impôts : « Il y a des provinces « entières où l'on ne se nourrit que d'un peu « de pain d'avoine et de son. Les victoires ne « diminuent rien de la misère des peuples! »

En 1662, les misères dans le Blaisois, en Tourraine, dans l'Anjou, dépassèrent tout ce que l'imagination peut rêver de plus douloureux : les pauvres sont sans lit, sans habits, sans linge, sans meubles, dénués de tout enfin ; plusieurs femmes ont été trouvées sur les chemins et dans les blés, la bouche pleine d'herbes.

En 1675, le connétable de Lesdiguières écrivait que dans le Dauphiné les paysans n'avaient d'autre nourriture que l'herbe des prés et l'écorce des arbres.

En 1709, plus de mille personnes étaient mortes à Romorantin ; la forêt d'Orléans était pleine de misérables qui vaguaient comme des bêtes ; on ne mangeait plus que des chardons, des limaces, des charognes et autres ordures.

On pourrait faire un volume de citations semblables qui jettent sur l'état social de la France et de toute l'Europe des lueurs sinistres.

Quelques hommes comme Saint-Vincent de Paul ont fait des efforts inouïs pour adoucir ces misères sans nom. Mais que pouvait faire Saint-Vincent de Paul lui-même contre l'ignorance presque absolue des règles de l'économie politique et l'impuissance des moyens de transport. Il a fallu deux choses pour faire disparaître ces misères : La liberté du commerce que conseillait l'illustre général et ingénieur Vauban et qu'appliquait Turgot ; les chemins de fer qui, mettant en communication presque instantanée toutes les parties de la France les unes avec les autres, la France avec l'Europe, permettent de mettre à chaque instant à la disposition d'une région quelconque le trop plein d'une région plus favorisée. Aujourd'hui, la consommation des céréales qui était de 60 millions d'hectolitres il y a 40 ans est de 90 millions. Un tel accroissement prouve que bien des misères ont été soulagées. De ces 90 millions, les chemins de fer transportent par an 40 millions d'hectolitres de blé et de farines; si du chiffre de la consommation totale on défalque les quantités consommées sur place on trouve que les chemins de fer transportent la presque totalité des céréales nécessaires à l'alimentation du pays; de plus l'écart entre le prix de l'hectolitre à Strasbourg par exemple et dans les villes de l'intérieur qui en 1817 s'est élevé à 40 fr., n'atteint plus qu'exceptionnellement 3 ou 4 fr. et dans la moitié de la France au moins le blé est, à un franc près, au même prix.

Grâce donc aux chemins de fer, la France voit, en cas de disette, s'étendre indéfiniment le nombre des marchés dans lesquels elle peut puiser. Si partout tombent, comme de province en province, les barrières qui d'Etat en Etat gênent le transport des céréales, la production de l'Europe se répartira avec une extrême rapidité et les disettes seront pour nos descendants un fléau inconnu.

J'ai insisté longuement sur les services rendus par les chemins de fer dans la question de l'alimentation publique, je ne m'appesantirai pas sur le rôle important qu'ils ont joué dans le développement de l'agriculture et de l'industrie. Il me suffira de vous citer quelques chiffres : Il y a 20 ans la circulation annuelle n'était guère que de 4 milliards de tonnes kilométriques sur les routes et de 1 milliard sur les chemins de fer; elle est aujourd'hui de près de 6 milliards sur chaque, soit de 12 milliards en totalité. La richesse publique a plus que doublé.

Un détail : *Le transport du lait à Paris.* Paris s'approvisionne de lait dans un rayon de 100 kilomètres et en dépense par an près de 130 millions de litres, soit près de 320,000 litres par jour. Eh bien les chemins de fer en transportent près de 100 millions et si leur service venait à manquer subitement, 7 à 800,000 personnes seraient chaque matin privées de leur tasse de café au lait ou de leur bol de chocolat!

—

Il n'y a pas de comparaison possible entre les moyens de transports que possédaient nos pères et ceux dont nous pouvons nous servir aujourd'hui; il y a eu à cet égard une révolution radicale. Le plus pauvre ouvrier voyage aujourd'hui plus facilement que le roi Louis XIV qui, au temps de sa toute puissance, mettait deux jours pour aller de Paris à Fontainebleau et devait coucher cinq fois en route pour se rendre de Paris à Châlons. Autrefois chaque habitant se déplacait en moyenne une ou deux fois par an, on se déplace aujourd'hui sept et huit fois, quinze fois à Senlis, et sur cent voyageurs il y en a soixante et soixante-dix qui vont en troisième classe; ce qui vous prouve, en passant, que ce ne sont pas les classes riches qui profitent le plus des chemins de fer, mais bien les classes populaires. Aujourd'hui *on va quatre fois plus vite, on paie moitié moins et on est plus commodément.* J'ai calculé que le temps économisé par les voyageurs français était annuellement de plus de 300 millions d'heures. Le temps est de l'argent, a dit Francklin; si l'on compte que l'heure des voyageurs vaut 0 fr. 75 c. on arrive à cette conclusion :

Le bénéfice en argent que le chemin de fer procure aux voyageurs par suite de l'économie de temps est de 225 millions.

Comme, d'un autre côté, on paie moins qu'avant les chemins de fer, il y a une nouvelle économie qui est supérieure à 175 millions. En tout environ, 400 millions d'économie pour les voyageurs seulement.

Dans un discours au Corps-Législatif, M. de Franqueville, directeur général des ponts-et-chaussées et des chemins de fer, ne craignait point d'affirmer que le réseau des chemins de fer français achevé, les économies réalisées sur les frais de transport des marchandises et des voyageurs et le temps gagné dans l'abréviation de la durée des voyages représenteraient une somme de 1,500 millions, soit plus de moitié du budget actuel de la France.

Mais je ne saurais trop le répéter, le rôle des chemins de fer a été plus considérable encore : non seulement ils ont abaissé les prix de transports des hommes et des choses en en diminuant la durée, mais encore ils ont rendu possibles des transports auxquels personne ne songeait, et, par là, ils ont répandu le bien-être sur les différentes parties du monde; ils ont donné une valeur à des choses qui n'en avaient pas; ils ont

créé la richesse mobilière, presque inconnue il
y a quarante ans et dont nos codes font à peine
mention ; ils ont doublé en moins d'un siècle la
richesse publique ; ils ont rendu à tous la vie
moins pénible et l'ont allongée, car, depuis
moins d'un siècle, la durée de la vie moyenne
s'est élevée de 32 à 40 ans ; il ont empêché le
retour des disettes, si communes dans les siècles
précédents ; ils ont permis au pays de payer une
rançon et des impôts dont le chiffre eut paru
chimérique il y a peu d'années ; enfin, ils ont
démontré ce qu'affirmait Vauban il y a deux
siècles : *que le travail, cette source salutaire de
bien-être et de moralisation, est le seul et véri-
table principe de la richesse.*

DEUXIÈME CONFÉRENCE

Mesdames et Messieurs,

Dans la dernière Conférence que j'ai eu l'honneur de faire devant vous, je vous ai raconté
brièvement l'histoire de l'établissement des
chemins de fer, je vous ai fait connaître les objections qui les avaient accueillis à leur naissance, je vous ai indiqué les nombreux services
rendus par eux à la société, et enfin j'ai essayé
de vous montrer quelle influence prépondérante
ils avaient eue sur le développement de la ri-

chesse publique ; je vais vous entretenir aujour-
d'hui des chemins de fer au point de vue militaire et faire en sorte de vous faire comprendre
le rôle considérable qu'ils ont déjà joué et que
surtout ils sont appelés à jouer dans les guerres
modernes.

L'application des chemins de fer aux besoins
militaires, a.tout d'abord soulevé de nombreuses
objections. Des évènements récents, d'autres
plus anciens ont répondu à ces objections. Des
corps d'armée entiers ont été transportés sur les
voies ferrées avec une rapidité prodigieuse ; des
opérations militaires ont été faites, dont la vapeur seule à permis la réalisation, et de nos
jours se vérifie cette parole prophétique du général Lamarque « Il est possible que la vapeur
« amène un jour dans l'art de la guerre une
« Révolution aussi complète que l'invention de
« la Poudre à Canon. »

Il y a deux choses à la guerre :

Le déplacement stratégique ou la concentration des troupes qui précède les opérations stratégiques, et les opérations stratégiques elles-
mêmes.

Autrefois, alors que les chemins de fer n'exis-
taient pas, il s'écoulait souvent des mois, avant
qu'une armée parvint, au prix de marches incessantes, à se trouver réunie ; puis, la campagne entamée par quelques hautes opérations
stratégiques se poursuivait avec une certaine
lenteur méthodique, d'après certaines règles
prévues et derminées.

Vous vous rappelez ce que disait le marquis

de la Seiglière : « Des guerres de 3 semaines,
« quel manque de formes ! Parlez-moi de la
« guerre de sept ans..... de la guerre de trente
« ans..... à la bonne heure, voilà des généraux
« bien élevés. »

Il n'en est plus de même aujourd'hui, le temps
des guerres de bon ton est passé, les transports
se font comme la guerre même avec une rapidité
inouïe et l'avantage de la 1re grande rencontre d'où
dépend souvent le sort de toute la campagne,
est presque toujours assuré à celui des deux adversaires dont la concentration est la plus
prompte, c'est-à-dire à *celui auquel les voies
ferrées donnent la supériorité numérique dans
un minimum de temps.*

Les chemins de fer ne permettent pas seulement d'effectuer la *mobilisation* et la *concentration* avec une très-grande rapidité ; leur rôle est
encore plus important. Ce sont, désormais, les
meilleures *lignes d'opération* et surtout *d'alimentation* des armées en campagne ; ils permettent de faire combattre les mêmes troupes
sur des points différents, à des intervalles de
temps très-rapprochés ; ils permettent de faire
arriver facilement et rapidement des renforts au
secours des troupes engagées dans la bataille ;
il facilitent la défense des Cours d'eau ; ils rendent de précieux services dans les retraites en
cas de défaite ; enfin ils sont d'une utilité capitale dans le service des hôpitaux et des ambu-
lances en fournissant abondamment les malades
et les blessés de médicaments, nourriture, vins,

etc..... et en en facilitant l'évacuation et la dispersion.

Afin de vous donner la preuve de cette utilité multiple des chemins de fer, je vais vous faire connaître quelques-unes des applications faites pendant les dernières guerres de ce puissant moyen de transport.

Je passe rapidement sur la guerre de Crimée pendant laquelle les chemins de fer français transportèrent à Marseille tout le personnel et le matériel de l'armée avec moins de pertes que la Russie ne pouvait en subir, en envoyant des renforts à Sébastopol assiégé. Les 9/10 des troupes russes ont péri de fatigues sur les routes; si Sébastopol eût été relié à Moscou par un chemin de fer, Sébastopol eût été imprenable malgré le courage de nos soldats!

J'ai hâte d'arriver à la campagne d'Italie de 1859 où, pour la première fois dans l'histoire militaire, disait le *Spectateur militaire* du 15 septembre 1869, « les chemins de fer servirent « d'une manière merveilleuse et entrèrent dans « les combinaisons stratégiques. »

Vous vous rappelez ce qui se passa à cette époque : Le 23 avril 1859 le gouvernement autrichien, après une série de négociations diplomatiques, envoyait au gouvernement Sarde une note qui lui intimait de désarmer dans le délai de trois jours et lui faisait connaitre que si, à l'expiration de ce terme, il ne recevait pas satisfaction, il recourrait à la force des armes pour l'obtenir.

Le 26, le gouvernement Sarde répondait par

un refus, la guerre était déclarée et la France intervenait en prenant le Piémont sous sa protection.

L'armée se composait de cinq corps d'armée commandés par le maréchal Baraguay d'Hilliers, le général de Mac-Mahon, le maréchal Canrobert, le général Niel et le prince Napoléon, et de la garde impériale sous les ordres du général Regnaud de St-Jean-d'Angély.

Le chemin de fer en transporta la plus grande partie, 115,000 hommes et 25,000 chevaux, sans compter les voitures, les munitions, etc...

Le chemin de fer de Paris à Lyon qui faisait cette opération enlevait par jour 8,400 hommes et 655 chevaux sans jamais interrompre la circulation ordinaire! La concentration était terminée le 15 juillet et s'était faite en six fois moins de temps par le chemin de fer que si l'armée française avait dû se concentrer en Piémont par les marches ordinaires.

Vous vous rappelez les suites de cette campagne, l'armée autrichienne fortement établie entre le Pô et la Sésia avait en face d'elle l'armée Franco-Sarde dont le front défensif s'étendait en demi-cercle de Voghera à Alexandrie, à Casale et à Verceil. Le général Giulay, très inquiet de notre marche qui semble prendre Plaisance pour objectif, craignant pour son aile gauche, tente le 20 mai une forte reconnaissance offensive.

Le comte Stadion, avec environ 15,000 hommes, passe le Pô et s'avance vers Montebello et Voghera; là, il se heurte contre les avants-postes Piémontais. Le général Forey, averti de ce qui se passe, part avec 7,500 hommes et attaque immédiatement les Autrichiens. Pendant la lutte, il reçoit continuellement des renforts amenés par les convois qui arrivent à Voghera, débarquent des centaines de combattants et retournent de suite en chercher d'autres. L'ennemi repoussé se retire persuadé que les Français sont beaucoup plus nombreux qu'ils ne sont en réalité et qu'il a eu affaire au corps du maréchal Baraguay d Hilliers et à une brigade Piémontaise; à plus de 40,000 hommes!

Ainsi et grâce en partie au chemin de fer, le combat de Montebello inaugurait brillamment la campagne d'Italie, dont chaque pas devait être une victoire et, chose très-importante, faisait croire au général Giulay que l'armée française était échelonnée entre Castel-Nuovo et Alexandrie et qu'elle essaierait de s'ouvrir un passage sur la rive droite du Pô C'est alors que l'empereur décide l'exécution d'un mouvement stratégique dont la réussite devait entraîner le succès de la campagne et qui consistait à exécuter rapidement par la gauche une marche de flanc par Valenza, Casale, Verceil et Novarre, afin de déborder la droite de l'armée autrichienne et de la devancer au passage du Tessin. Ce mouvement très-hardi, mais en même temps très-dangereux, comme toutes les marches de flanc, devait, pour réussir, être exécuté avec une très-grande rapidité et presqu'à l'insu de l'ennemi!... Il le fut grâce encore, en grande partie, aux chemins de fer qui après avoir évacué de

Voghera les blessés de Montebello, jetèrent en une nuit, de Ponté-Curone à Casale, tout le corps du maréchal Canrobert : soit 26 bataillons d'infanterie, 16 escadrons de cavalerie, 60 bouches à feu, plus le génie, le parc du génie, le parc d'artillerie, etc.....

Le 4 juin, l'armée française essayait le passage du Tessin ; après la bataille de Magenta qui faillit nous être fatale parce que pendant la lutte les Autrichiens recevaient par chemin de fer des renforts qui se succédaient sans interruption, le 8 juin, l'armée franco-sarde entrait à Milan ; la liberté de la Lombardie était déclarée, et les souverains alliés appelaient les populations aux armes pour conquérir leur indépendance.

Je ne m'étendrai pas davantage sur l'emploi qui a été fait des chemins de fer pendant la campagne d'Italie.

Je ne m'arrêterai même pas, tant j'ai hâte d'arriver à la funeste campagne de 1870, à l'emploi remarquable que les Prussiens ont fait des chemins de fer dans les guerres de 1866, guerres qui, après avoir fait perdre aux Hanovriens leur nationalité, leurs lois, leurs mœurs, brisent en quelques jours la puissance de l'Autriche.

Un des plus grands poëtes de l'Allemagne, allemand de cœur et français d'adoption, Henri Heine, nous disait il y a 20 ans dans un livre célèbre :

« Prenez garde ! vous avez plus à craindre de

« l'Allemagne que de la Sainte-Alliance tout
« entière avec tous les Croates et tous les Co-
« saques. D'abord on ne vous aime pas en
« Allemagne, ce qui est presque incompréhen-
« sible, car vous êtes pourtant bien aimables et
« vous vous êtes donné pendant votre séjour
« en Allemagne, beaucoup de peines pour
« plaire, au moins à la meilleure et à la plus
« belle moitié du peuple allemand.

« Mais lors même que cette moitié vous
« aimerait, c'est justement celle qui ne porte
« pas d'armes et dont l'amitié vous servirait
« peu.

« Ce qu'on vous reproche au juste je n'ai
« jamais pu le savoir. Un jour à Goettingue,
« dans un cabaret à bière, un jeune vieille-
« allemagne dit qu'il fallait venger dans le sang
« des Français le supplice de Koradin de Ho-
« henstaufen que vous avez décapité à Naples
« (en 1268).

« Vous avez certainement oublié cela, mais
« nous n'oublions rien, nous. Vous voyez que
« lorsque l'envie nous prendra d'en découdre
« avec vous, nous ne manquerons pas de rai-
« sons d'Allemand. Dans tous les cas, je vous
« conseille d'être sur vos gardes... Tenez-vous
« toujours armés, demeurez tranquilles à votre
« poste, l'arme au bras. »

En effet, la haine contre la France était au-
delà du Rhin, depuis soixante ans, en éruption
perpétuelle. « Elle brûlait, a dit un écrivain
« remarquable, à une profondeur incommen-
« surable, alimentée par des litiges séculaires,

« par des grimoires historiques, par des par-
« chemins de vieux traités, abolis par l'incendie
« du Palatinat autant que par les canons
« d'Iéna ; cette haine fossile et héréditaire, on
« l'enseignait en Allemagne dans les écoles, on
« la professait dans les universités, les poëtes
« l'aiguisaient dans leurs chants, les philo-
« sophes l'érigaient en système ; elle était l'âme
« et l'objectif des institutions militaires. Il y
« avait en Prusse tout une secte farouche et
« grotesque qui s'appelait elle-même Franzo
« senfresser (*Mangeurs de Français*), et dont
« les rites sacro-saints consistaient à manger
« des Français à la choucroute dans les brasse-
« ries ; à grimper au mât dans les salles de
« gymnastique pour s'exercer à la conquête de
« la France ; à se garder comme d'un blasphème
« de tout mot d'étymologie française ; *à ap-*
« *prendre que le peuple français est un peuple*
« *de singes et que la ville de Paris est la vieille*
« *maison de Satan ;* à allumer chaque année un
« feu de paille sur la plus haute montagne à
« l'anniversaire de la bataille de Leipzig ; à
« s'énivrer religieusement le jour de la prise de
« Paris, etc... »

Avec de pareils sentiments, la guerre devait
tôt ou tard éclater terrible et acharnée ; elle
était l'idée fixe et inflexible de toute l'Allemagne, et la Prusse, dans sa haine patiente et
sérieuse, opiniâtre et vigilante, en préparait les
détails et moyens depuis de longues années !

Aussi, les chemins de fer, dont l'importance
est aujourd'hui si considérable dans les opéra-

tions militaires, avaient-ils été organisés en Allemagne aussi complètement que possible, tandis que, par une fatalité à jamais déplorable, la France oubliant les conseils de Henri Heine, n'écoutant rien, ne voyant rien de ce qui se passait chez cette nation qui complotait son meurtre et préméditait sa ruine, arrivait en 1870 sans organisation sérieuse !

Je vais vous expliquer brièvement ce qui, à notre point de vue spécial des chemins de fer, avait été fait en France et en Allemagne.

En France il y eu deux essais d'organisation des transports militaires ; l'un considérable avant la guerre, par les soins du maréchal Niel ; l'autre tardif, au moment où la guerre finissait, par les soins de M. de Freycinet, délégué de la guerre à Bordeaux.

En 1869, le maréchal Niel organisa une *Commission centrale des chemins de fer* composée d'officiers généraux d'état-major, d'artillerie ou du génie, de délégués du ministère des travaux publics (ingénieurs des ponts et chaussées et des mines) et des représentants de chacune des principales compagnies de chemin de fer ; le rôle de cette commission était d'étudier les diverses questions auxquelles pouvait donner lieu le transport des troupes sur les voies ferrées. A côté de cette commission le maréchal Niel formait, pour chaque réseau, une sous-commission chagée, en cas de transport de troupes, de diriger ces transports, de surveiller et d'assurer l'exécution des mesures indiquées par la commission centrale.

Les règlements avaient été préparés avec le plus grand soin ; la compositions des trains, le nombre des voitures, la vitesse, etc... tout avait été fixé. On avait étudié la question capitale du chargement et du déchargement des troupes ; on avait été jusqu'à indiquer la manière de faire, rapidement avec les locomotives, le café à la troupe.

Voici ce qu'on faisait : Dans un récipient plein d'eau de 150 litres environ de capacité, on mettait 85 grammes de café et 112 grammes de sucre, on faisait arriver un jet de vapeur pris à la locomotive. Au bout de 7 minutes 1/2 l'eau était en ebullition et le caté pouvait être servi.

Vous voyez que la question, l'organisation théorique pour ainsi dire, avait été étudiée en détail par la Commission centrale ; il restait à appliquer les mesures prescrites. Par quel facheux concours de circonstances ces travaux furent-ils mis en oubli et complètement délaissés ? Je ne sais ! ce qu'il y a de certain, c'est qu'après la mort du maréchal Niel, il ne fut plus question de la commission des transports et, au moment où la guerre fut déclarée, personne ne se souvint qu'une organisation avait été préparée. Aussi les transports se firent-ils avec une confusion dont rien ne peut donner l'idée !

On employait les chemins de fer à tort et à travers, le désordre était à son comble ! avec les désastres il ne fit qu'augmenter. Le décret de M. de Freycinet fut une tentative intelligente pour remédier à cet état de choses, mais il était trop tard !

A côté de ce trouble et de ce désordre, nous avons malheureusement rencontré chez nos adversaires, l'organisation la plus complète qui se puisse imaginer. Cette organisation qui reposait sur une idée féconde : l'association de l'élément technique, n'était point secrète.

La *Commission centrale* des Allemands n'était autre que la Commission centrale du maréchal Niel, et leurs *Commissions de lignes* ne différaient pas des Sous-Commissions dont je vous ai parlé tout-à-l'heure. Malheureusement, ce qui avait été oublié chez nous, avait été scrupuleusement appliqué en Allemagne.

Jugez des résultats :

En France, tout semble prêt le premier jour; le 26 juillet on avait bien à la frontière 186,000 hommes et 32,000 chevaux, mais aucune organisation n'était complète : les hommes cherchaient leurs corps, les généraux cherchaient leurs troupes, l'intendance cherchait les vivres, l'artillerie cherchait les munitions; malgré l'intelligence et le dévouement de chacun, tout était mêlé et confondu ! Au contraire en Allemagne, jusqu'au 26 juillet, les corps se forment au loin sûrement et complétement; le 24 et le 25 seulement les chemins de fer commençaient à les transporter : onze jours après, le mouvement de concentration de la grande armée allemande était terminé, et deux jours n'étaient pas écoulés que cette armée, forte de 450,000 hommes, était victorieuse à Forbach et à Frœschwillers, malgré l'héroïque valeur développée par les soldats français en présence d'un ennemi trois et quatre fois supérieur en nombre.

Le transport de chaque corps prussien a nécessité environ 83 trains de 60 à 80 voitures.

25 bataillons d'infanterie.	25	trains environ.
6 régiments de cavalerie.	18	id.
1 régiment d'artillerie de campagne, 16 batteries	16	id.
1 bataillon de génie. . .	1	id.
1 bataillon de train. . .	1	id.
1 ambulance	3	id.
Colonne de vivres, munitions	16	id.
Etat-major	3	id.
total	83	trains environ.

On peut évaluer à 1,000 le nombre de trains qu'il a fallu pour opérer la concentration de l'armée prussienne ; et à 42,000 par jour le nombre moyen d'hommes transportés par les chemins de fer allemands pendant cette période.

Quel progrès réalisé depuis la guerre d'Italie pendant laquelle les chemins de fer français n'enlevaient pas plus de 8,400 hommes par jour ! Mais, je me hâte de le dire, la faute n'en est point aux *chemins de fer français, plus merveilleusement disposés que les autres, grâce à leur organisation puissante et centralisée, pour faire des transports considérables.* On peut affirmer que nos chemins de fer auraient fait mieux et plus vite que les chemins allemands; car à cet égard nous avions sur nos adversaires, et de leur aveu même, une supériorité incontestable ; ce n'étaient pas les moyens de transports qui manquaient à l'armée française, c'était l'armée trop peu nombreuse qui manquait aux moyens de transports, c'était surtout la direction dans leur emploi.

Quand on fait le compte des transports effectués par les Allemands de juillet 1870 à février 1871 on trouve plus de deux millions d'hommes, plus de 135,000 chevaux et de 20,000 équipages ou canons.

Je vous ai raconté comment, dans la guerre d'Italie, les chemins de fer avaient contribué à la victoire de Montebello, en amenant des renforts au secours des troupes françaises engagées dans une lutte inégale; je vous ai dit comment, de la même façon, ils avaient failli transformer la victoire de Magenta en un épouvantable désastre. Plus récemment, les chemins de fer causaient la désastreuse défaite du général Faidherbe à Saint-Quentin en amenant incessamment au secours des Prussiens des troupes fraîches qui venaient de Rouen, d'Amiens, de Beauvais, etc. et de Paris même. Des trains d'infanterie et d'artillerie, se succédant d'heure en heure, arrivèrent à La Fère pendant les journées des 18 et 19 janvier; toutes ces troupes débarquées à La Fère prenaient la route de Saint-Quentin qu'elles parcouraient à pied sur vingt-cinq kilomètres. On estime à 20,000 hommes le chiffre de ces renforts qui déterminèrent la retraite de l'armée sur les places du Nord.

Grâce au chemin de fer du Nord aussi, dont l'administration, dit le général Faidherbe, ayant à sa tête M. de Saint-Didier, mit dans ces circonstances, comme pendant toute la guerre, le plus louable empressement à favoriser les mouvements des troupes et de matériel, l'armée française, qui avait conservé intactes ses quinze batteries de campagne, put se retirer dans la place du Nord où elles se reformèrent rapidement.

Comme je vous l'ai dit au début, les chemins de fer ne servent pas seulement à la mobilisation et à la concentration des troupes, ce sont aussi des *magasins ambulants, des pourvoyeurs quotidiens* de vivres et de munitions.

Lorsqu'il s'agit d'assurer l'alimentation de plusieurs centaines de mille hommes le problème à résoudre est assurément un des plus compliqués qui se puissent poser et cependant sa solution a une importance capitale et décisive! C'est ainsi qu'au début de la marche de Châlons sur Sedan, le maréchal de Mac-Mahon fut forcé de se rapprocher de la ligne de Mézières pour assurer les approvisionnements de son armée.

Dans une dépêche du 8 janvier 1871, le général Bourbaki écrivait au général Chanzy : « Mes mouvements ont été retardés par la difficulté de faire vivre les troupes lorsqu'elles s'éloignent des voies ferrées. »

Pendant le siège de Paris les approvisionnements des Allemands se faisaient par la ligne de Toul à Epernay et subsidiairement par la ligne des Ardennes; qui peut dire le résultat immense qu'aurait eu l'interruption des trains entre Paris et l'Allemagne sur ces deux lignes! Vous pouvez vous le figurer par la colère que causa aux Allemands la destruction du grand pont de Fontenoy-sur-Moselle, situé entre Nancy et Toul, destruction qui, pendant les 20 jours que dura la reconstruction, limita les communications de l'ennemi avec l'Allemagne avec celles établies par la ligne des Ardennes.

Le malheureux village de Fontenay-sur-Moselle fut incendié en entier et une contribution de guerre de 10 millions fut infligée à la Lorraine.

Les textes officiels qui furent, à ce sujet, affichés ou publiés dans le *Moniteur officiel* du gouvernement général de la Lorraine trahissent une colère poussée au plus haut degré qui témoigne mieux que tous les arguments de l'importance que les chemins de fer ont au point de vue de l'approvisionnement des armées en campagne.

Et en effet, ces armées sont comme une immense *usine ambulante;* que ses hommes ou ses ouvriers soient aussi merveilleusement doués, aussi *débrouillards* qu'on le voudra, leur valeur sera complètement annulée si les vivres sont en retard ou si les munitions viennent à manquer.

Je vous ai montré, messieurs, aussi brièvement que j'ai pu, par des exemples divers, comment les chemins de fer rendaient possible le transport à de grandes distances d'armées immenses, comment ils assuraient le ravitaillement en arrière de ces armées, le retour des blessés, etc., comment ils permettaient, une fois la lutte engagée, d'amener aux combattants des renforts d'hommes ou de munitions; ·vous comprendrez, par conséquent, bien vite, que la défense de ses chemins de fer et la destruction de ceux de l'ennemi est une des préoccupations les plus graves d'une armée en campagne.

Vous vous rappelez l'excellent résumé de l'art de la guerre donné par le *Maître d'Armes du Bourgeois-Gentilhomme* et qui est contenu dans la maxime fondamentale qu'il donne à M. Jourdain : « Donner et ne point recevoir. » Or, les chemins de fer sont un des plus excellents moyens de *donner*, c'est-à-dire de frapper l'ennemi et de *ne point recevoir*, c'est-à-dire d'éviter les coups de l'adversaire.

La question de leur défense et de leur destruction est donc une des plus importantes qui puissent être agitée. Sur ce point, il n'y a pour ainsi dire eu rien de fait dans la dernière guerre, même du côté des Allemands.

Je ne vous dirai point ici ce qui aurait pu être fait et ce qu'il sera possible de faire à l'avenir; je n'insisterai pas sur les détails un peu techniques qui vous intéresseraient peu ; j'appellerai seulement votre attention sur un point. Les modifications survenues dans la précision, la puissance et la portée des armes, entraîneront forcément une transformation de l'usage auquel était autrefois destinée la cavalerie. Lancer des troupes à cheval contre des masses d'hommes qui vomissent la mort à plusieurs kilomètres de distance, c'est vouer ces troupes à une destruction certaine. Il est probable que l'attaque et la défense des chemins de fer entreront en première ligne dans la tâche nouvelle à imposer à nos braves cavaliers et que l'étude des lignes de fer, des moyens de les parcourir, de les parcourir en reconnaissances, comme l'ont fait si hardiment pour la première fois sur une locomotive, dans la guerre d'Amérique, le comte de Paris et le duc de Chartres, d'en approcher, de les garder, de les détruire, entrera désormais dans le cadre des manœuvres normales de la cavalerie.

Au courage du combat et à la connaissance des questions purement militaires, il faudra que dorénavant notre armée joigne le courage de l'étude, et de l'étude incessante des questions techniques, et en particulier des questions de chemins de fer; il est important de se battre avec bravoure, de manœuvrer avec habileté, il est presque aussi important de détruire à propos les télégraphes, le matériel roulant d'un chemin de fer utile à l'ennemi, ses approvisionnements, ses ouvrages d'art, ses prises d'eau, etc..., en un mot de stériliser entre ses mains l'un des plus formidables engins de guerre qu'il possède.

Cela se fera, j'en ai l'intime conviction, et c'est alors que les chemins de fer rendront,

daňs la guerre comme dans la paix, tous les
services que le pays est en droit d'exiger de la
plus grande œuvre des temps modernes !

Je ne veux pas, Messieurs, terminer sans vous
dire quelques mots d'une des plus grandes opérations qui aient jamais été effectuées par le
chemin de fer : je veux parler du ravitaillement de Paris à la fin de la guerre, après la
capitulation.

Paris, assiégé et croyant à un secours qui ne
devait pas venir jusqu'à lui, avait supporté pendant cinq mois le blocus le plus rigoureux;
pendant cinq mois, une population de plus de
deux millions d'habitants, sans compter l'armée, avait vécu sur des provisions réunies en
toute hâte; aussi le vide produit dans Paris au
moment de la capitulation était-il immense.

D'ordinaire, la consommation moyenne par
tête et par jour correspond à :

800 grammes de pain, viande, comestibles
divers.
400   —   de vin, bière, cidre, etc.
130   —   de lait.

1330 grammes, auxquels il faut ajouter 470
grammes de fourrage pour les animaux et
1 kilog. 700 de combustible.

Cette consommation représente en marchandises de toute nature 3 kilog. 500 grammes par
jour et par habitant. Pour une population de
2,200,000 habitants, cela constitue le chiffre
environ de 7,700,000 kilogrammes par jour.

En supposant tout amené par chemin de fer, cela représente à peu près 1,000 wagons par jour.

Il fallait donc, pour opérer le ravitaillement, d'abord amener ce qui était indispensable à la nourriture de chaque jour, puis, reconstituer l'approvisionnement.

On conçoit, en présence d'un pareil problème, les préoccupations et les angoisses des administrateurs chargés de la terrible responsabilité du ravitaillement. Le gouvernement allemand avait annoncé qu'on ne pouvait compter sur lui. Dans son mémorandum adressé en octobre 1870 aux puissances etrangères, M. de Bismark disait :

« Dans le cas où la capitulation de Paris serait
« retardée jusqu'au moment où le manque de
« vivres la rendrait nécessaire, les conséquences
« seraient terribles. L'absurde destruction des
« chemins de fer, des ponts et des canaux, dans
« un rayon assez étendu autour de Paris, a
« rendu difficiles, pendant longtemps encore,
« les communications entre la capitale et les
« provinces. Dans l'éventualité d'une capitula-
« tion, il serait impossible au chef des armées
« allemandes de subvenir à l'approvisionne-
« ment d'une population de deux millions
« d'âmes, même pour un seul jour. Les envi-
« rons de Paris, dans un rayon de plusieurs
« journées de marche, ne pourraient pas non
« plus offrir le moyen de secourir les Parisiens,
« tout ce qui s'y trouve étant absolument né-
« cessaire pour la nourriture des troupes! Nous

« ne pourrions pas davantage transporter une
« portion de la population à la campagne par
« les routes ordinaires, les moyens de transport
« nous manquant pour cela. Il en résultera
« infailliblement que des centaines de milliers
« d'individus devront mourir de faim... »

Telle était la perspective humanitaire que la chancellerie prussienne déroulait froidement devant les cours de l'Europe et que celles-ci se bornaient à enregistrer.

Heureusement les chemins de fer ont fait mentir cette lugubre prophétie.

Dès le 2 novembre, M. Cézanne, ingénieur des ponts-et-Chaussées, aujourd'hui membre de l'Assemblée nationale, était parti en ballon avec la mission de créer de vastes dépôts d'approvisionnements loin du théâtre de la guerre, et d'assurer des moyens de chargement convenables. Paris capitulait le 28 janvier et les Allemands ouvraient au ravitaillement les trois voies de Dieppe à Paris par Buchy et Amiens, de Vierzon à Paris par Orléans et de Nevers à Paris par Moret et Melun.

Seulement, après avoir froidement prévu que la difficulté du ravitaillement pourrait faire mourir de faim des centaines de milliers d'individus, le gouvernement allemand n'autorisait la circulation que de 12 trains, soit de 800 à 900 wagons par jour, lorsque les chemins de fer étaient en mesure d'en faire sur le champ dix fois d'avantage.

Quoi qu'il en soit, le 23 février le ravitaillement avait atteint des proportions assez larges pour que l'on pût, à cette date, considérer l'alimentation publique comme hors de danger si la guerre ne continuait pas.

Bien qu'on ait tenu jusqu'à la dernière extrémité, la mortalité s'est élevée depuis le 18 septembre 1870, commencement du blocus, jusqu'au 24 février 1871, fin du ravitaillement, à 64,154 décès. La même période un an auparavant, en pleine prospérité, donnait un chiffre de 21,978 décès..... La mortalité a donc triplé pendant le siége; cela est certainement considérable, mais il y a loin de là aux centaines de milliers d'individus dont la fin prématurée inspirait à M. de Bismarck de si charitables inquiétudes.

Tel est le magnifique résultat donné par l'emploi des chemins de fer, et je crois utile de vous le dire en passant, qu'il eût été tout-à-fait impossible d'obtenir sans l'unité de notre grand réseau de voies ferrées.

Rappelons-nous encore ce qu'assurait le général Mac-Clellan, à savoir que toutes les destructions de lignes et de matériels effectués pendant la guerre de sécession, n'ont pas été plus nuisibles à l'armée américaine, que le manque de principes uniformes dans la création des voies ferrées; *et que ces souvenirs anéantissent à jamais toute idée de morcellement des réseaux existants, de concurrences exagérées, et de substitutions de petites compagnies aux grandes compagnies actuelles.*

Les dommages directs éprouvés par ces grandes compagnies, c'est-à-dire les dépenses à faire pour mettre en état les voies et le matériel roulant, non compris bien entendu les pertes et bénéfices, sont les suivantes :

Compagnie de l'Est	environ	15	millions.
« Nord	«	2	«
« Ouest	«	12	«
« Orléans	«	1.5	«
« Paris-Lyon	«	2.5	«
	Total	33	millions.

En ajoutant à ces chiffres les dégâts occasionnés par la guerre civile, fille de la guerre étrangère, on arrive au chiffre de 35 millions environ, qui représente la dépense qu'il a fallu faire pour remettre en état les chemins de fer français et qui sont venus s'ajouter aux pertes de notre malheureux pays.

J'ai fini, Messieurs, ce que j'avais à vous dire sur les chemins de fer au point de vue militaire; j'aurais pu multiplier les exemples, entrer dans plus de détails; j'espère que le peu que je vous en ai dit suffira à vous faire comprendre quel rôle est désormais assigné aux chemins de fer dans les guerres européennes.

Enfin, malgré le cruel démenti que nous donnent les derniers évènements, j'ai la conviction qu'à force de perfectionner la guerre et les engins, les chemins de fer contribueront à la rendre plus rare et même presque incompréhensible.

« De toutes les guerres que se font les
« hommes, a dit Troussenel (dans l'*Esprit des*
« *Bêtes*), il n'y en a qu'une de raisonnable et
« de rationnelle, c'est celle où l'on se mange. »

Je crois fort qu'on n'en arrivera pas à cette
extrémité, et qu'au contraire le temps viendra
peut-être où l'on n'appliquera pas seulement la
convention de Genêve aux blessés, mais où on
l'étendra à l'homme intact et bien portant.
Quand les chemins de fer auront établi entre
les peuples des relations incessantes et de tous
les instants, il faut espérer qu'on n'arrivera
plus à les déterminer à s'entre-tuer, comme dit
Beaumarchais, pour des intérêts qu'ils ignorent.

Quoi qu'il en soit, les chemins de fer nous
ont fait assister à l'un des plus vastes mouvements d'action humaine et à l'un des plus
grands élans vers l'avenir dont le monde ait été
le théâtre; ils ont, sans contredit, été l'un des
plus énergiques instruments de progrès qu'on
ait pu constater à aucune époque de l'histoire.

Le progrès se présente sous deux aspects bien
différents : le progrès matériel et le progrès
moral. En ce qui concerne le progrès matériel,
je vous demande la permission de vous répéter
ce que je vous disais en terminant ma dernière
conférence :

Les chemins de fer ont abaissé les prix de
transport des hommes et des choses en même
temps qu'ils en ont diminué la durée; ils ont
rendu possible des transports auxquels personne ne songeait, et par là ils ont répandu le
bien-être sur les différentes parties du monde;

ils ont donné une valeur à des choses qui n'en avaient pas; ils ont créé la richesse mobilière, presque inconnue il y a quarante ans et dont nos codes font à peine mention; ils ont doublé en un demi-siècle la richesse publique; ils ont rendu à tous la vie moins pénible et l'ont allongée, car, depuis moins d'un siècle, la durée de la vie moyenne s'est élevée de trente-deux à quarante ans; ils ont empêché le retour des disettes, si communes dans les siècles précédents; enfin ils ont permis au pays de payer une rançon et des impôts dont le chiffre eût paru chimérique il y a peu d'années.

Quant au progrès moral, voici ce qu'écrivait M. Guizot dans son livre de l'église et de la société chrétienne en 1861 :

« La facilité, la rapidité, l'universalité des
« communications, qui ont tant de part à la
« force et à la grandeur de la civilisation mo-
« derne, sont au service du bien comme du
« mal, de l'erreur comme de la vérité. »

Le bien l'emportera-t-il sur le mal, la vérité sur l'erreur? Pour moi, la question n'est pas douteuse.

Il me semble impossible que Dieu nous ait donné le droit de nous élever pour nous donner simplement le droit de nous perdre, et je ne puis croire, avec Rousseau, que le premier homme qui, en plantant un grain de blé, a fondé la civilisation, ait perdu le genre humain! Non, le germe de la morale est placé dans le cœur de l'homme comme le germe de toutes les vérités et il s'y développe de génération en génération. Il n'y a guère plus d'un siècle que Montesquieu attaquait, avec une ironie sanglante, dans son livre de l'*Esprit des lois*, la traite des noirs que pratiquait nos pères aux seizième et dix-septième siècles et qui nous inspire aujourd'hui tant d'horreur. Nous ne sommes peut-être pas meilleurs que nos pères, mais la morale qui, sur ce point, était faussée, a progressé, la conscience s'est redressée et nous n'enmenons plus les noirs en esclavage! — Je ne doute pas que ces autres noirs, dont parlait La Bruyère, ces ouvriers quelquefois sans pain, sans abri, sans vêtements, etc... ne résistent mieux au tentations de la misère et aux mauvais conseils lorsqu'ils seront mieux nourris, mieux logés, mieux vêtus! Certainement le progrès matériel, dont les chemins de fer sont un des plus puissants éléments, a dépassé et dépassera souvent encore le progrès moral; certainement la recherche du grossier bien-être et du luxe, l'égoïsme et l'amour du lucre, prendront encore souvent la place de l'équité, des principes et du devoir mais j'ai la ferme conviction « que les générations qui suivront la nôtre, « sauront éviter l'enivrement que causent les « triomphes remportés sur la matière brutale, « qu'elles comprendront que ces victoires *créent* « *autant de devoirs qu'elles assurent de droits* « et qu'elles marcheront d'un pas ferme dans la « voie du progrès moral !

FIN.

Senlis, imp. E. Payen

www.ingramcontent.com/pod-product-compliance
Lightning Source LLC
LaVergne TN
LVHW022340170726
843503LV00008B/3466